ARCHITECTURAL RENDERING BIBLE
建筑表现牛皮书 II

景观设计
Landscape DESIGN

凤凰空间 · 上海 编

江苏人民出版社

CONTENTS

WARTERFRONT AND

HIGHWAY

河道道路景观

南京滨江风光带
设计单位：阿特金斯
绘图单位：上海翰境数码科技有限公司

南京滨江风光带
设计单位：阿特金斯
绘图单位：上海翰境数码科技有限公司

南京滨江风光带
设计单位：阿特金斯
绘图单位：上海翰境数码科技有限公司

南京滨江风光带
设计单位：阿特金斯
绘图单位：上海翰境数码科技有限公司

BreadTalk
GUCCI
STARBUCKS

ZARA

襄阳小清河景观
设计单位：上海天夏城市景观工程设计有限公司
绘图单位：上海非思建筑设计有限公司

1. 开封市尉氏道桥景观
绘图单位：河南灵度建筑景观设计咨询有限公司

2. 杭州湾上虞滨海新城核心区人工湖景观设计
设计单位：深圳市赫林德环境规划设计有限公司
绘图单位：深圳市朗形数码影像传播有限公司

1

2

沿河景观
设计单位：宁波市风景园林设计研究院
绘图单位：宁波市土豆多媒体设计有限公司

1. 苏州浒关城铁新城周边沿河滨水景观风光带工程
设计单位：苏州江南意造建筑设计有限公司景观所
绘图单位：苏州天地宸建筑环境设计咨询有限公司

2. 苏州工业园区九龙仓国宾一号河道景观绿化设计
设计单位：苏州江南意造建筑设计有限公司景观所
绘图单位：苏州天地宸建筑环境设计咨询有限公司

1

2

3. 徐州金龙湖周边河道景观改造设计

设计单位：苏州金螳螂园林绿化景观有限公司
绘图单位：苏州天地宸建筑环境设计咨询有限公司

3

3

尹山湖三期景观设计
设计单位：金螳螂建筑装饰股份有限公司景观公司
绘图单位：苏州天地宸建筑环境设计咨询有限公司

尹山湖三期景观设计
设计单位：金螳螂建筑装饰股份有限公司景观公司
绘图单位：苏州天地宸建筑环境设计咨询有限公司

某景观
绘图单位：南昌艺构装饰设计有限公司

徐州四期

设计单位：阿特金斯

绘图单位：上海翰境数码科技有限公司

Carphone Warehouse
KENNETH
Cartier

1. 水果湖
设计单位：北京东方艾地景观设计有限公司
绘图单位：北京忆晶哲图文设计有限公司

2. 资阳九曲河项目
设计单位：诺杰国际设计制作有限公司
绘图单位：成都上润图文设计制作有限公司

1

2

3. 安徽某桥梁
设计单位：上海市城市建设设计研究院
绘图单位：上海广缘装饰工程有限公司（新乾坤数码）

4. 文化长廊
设计单位：上海构想
绘图单位：南昌艺构装饰设计有限公司

3

4

长沙市人民东路拓改工程
设计单位：中路港（北京）工程技术有限公司
绘图单位：长沙艺帆建筑设计有限公司

1. 长春立交
设计单位：上海市城市建设设计研究院
绘图单位：上海广缘装饰工程有限公司（新乾坤数码）

2. 宁波世纪大道高架
设计单位：上海市城市建设设计研究院
绘图单位：上海广缘装饰工程有限公司（新乾坤数码）

1

2

3. 通京大道立交

设计单位：上海市城市建设设计研究院

绘图单位：上海广缘装饰工程有限公司（新乾坤数码）

1

3

东南环线道路改造方案

设计单位：长沙市规划设计院有限责任公司

绘图单位：长沙艺帆建筑设计有限公司

长善路
南环线

呼和浩特南二环道路规划项目
设计单位：中交第一公路勘察设计研究院有限公司
绘图单位：西安鼎凡数字科技有限公司

1. 芜湖规划项目
设计单位：芜湖规划设计院无锡分院
绘图单位：无锡市佳艺装饰设计有限公司

2. 某桥梁
设计单位：上海市城市建设设计研究院
绘图单位：上海广缘装饰工程有限公司（新乾坤数码）

1

1

1

2

1. 南通立交
设计单位：上海市城市建设设计研究院
绘图单位：上海广缘装饰工程有限公司（新乾坤数码）

2. 环城南路东苑立交
设计单位：上海市城市建设设计研究院
绘图单位：上海广缘装饰工程有限公司（新乾坤数码）

3. 北翟路中环线高架
设计单位：上海市城市建设设计研究院
绘图单位：上海广缘装饰工程有限公司（新乾坤数码）

4. 虹桥路立交
设计单位：上海市城市建设设计研究院
绘图单位：上海广缘装饰工程有限公司（新乾坤数码）

2

3

4

黄桥大道道路工程

设计单位：长沙市规划设计院有限责任公司
绘图单位：长沙艺帆建筑设计有限公司

青年东路王家河桥拱桥方案
设计单位：长沙市规划设计院有限责任公司
绘图单位：长沙艺帆建筑设计有限公司

1. 广州知识城项目绿廊桥
设计单位：广州市市政院
绘图单位：广州威影设计有限公司

2. 长益立交桥桥梁工程
设计单位：长沙市规划设计院有限责任公司
绘图单位：长沙艺帆建筑设计有限公司

3. 荷塘大道桥道路景观方案
设计单位：株洲市规划设计院
绘图单位：长沙艺帆建筑设计有限公

1

2

3

4. 树木岭路跨铁路桥方案
设计单位：长沙市规划设计院有限责任公司
绘图单位：长沙艺帆建筑设计有限公司

1. 雷高路道路景观工程
设计单位：长沙市规划设计院有限责任公司
绘图单位：长沙艺帆建筑设计有限公司

2. 某道路景观方案
绘图单位：长沙艺帆建筑设计有限公司

1

2

3. 浏阳河风光带景观方案
设计单位：长沙市规划设计院有限责任公司
绘图单位：长沙艺帆建筑设计有限公司

邵阳市西湖南路道路工程

设计单位：长沙市规划设计院有限责任公司（园林所）

绘图单位：长沙艺帆建筑设计有限公司

邵阳市西湖南路道路工程
设计单位：长沙市规划设计院有限责任公司（园林所）
绘图单位：长沙艺帆建筑设计有限公司

1. 双塘路道路景观方案
绘图单位：长沙艺帆建筑设计有限公司

2. 沣河道路规划
设计单位：中交第一公路勘察设计研究院有限公司
绘图单位：西安鼎凡数字科技有限公司

1

2

3

1. 许龙路道路工程
设计单位：长沙市规划设计院有限责任公司
绘图单位：长沙艺帆建筑设计有限公司

2. 长延路交叉口方案
设计单位：长沙市规划设计院有限责任公司
绘图单位：长沙艺帆建筑设计有限公司

1

1

3. 太阳大道道路工程
设计单位：长沙市规划设计院有限责任公司
绘图单位：长沙艺帆建筑设计有限公司

2

3

洋湖路道路景观工程
设计单位：长沙市规划设计院有限责任公司
绘图单位：长沙艺帆建筑设计有限公司

1. 青浦道路
设计单位：上海市城市建设设计研究院
绘图单位：上海广缘装饰工程有限公司（新乾坤数码）

2. 金洲大道道路交通设施图
设计单位：中路港（北京）工程技术有限公司
绘图单位：长沙艺帆建筑设计有限公司

3. 崇贤新城道路
设计单位：上海市城市建设设计研究院
绘图单位：上海广缘装饰工程有限公司（新乾坤数码）

2

3

1. 临江路规划项目
绘图单位：无锡市佳艺装饰设计有限公司

2. 人民路景观
绘图单位：无锡市佳艺装饰设计有限公司

3. 北横线道路方案
设计单位：中路港（北京）工程技术有限公
绘图单位：长沙艺帆建筑设计有限公司

1

2

4. 大庆街夜景方案
设计单位：长沙市规划设计院有限责任公司
绘图单位：长沙艺帆建筑设计有限公司

3

4

1. 南通星湖大道东段景观设计
设计单位：苏州筑园景观规划设计有限公司
绘图单位：苏州天地宸建筑环境设计咨询有限公司

2. 珠光路
绘图单位：广州威影设计有限公司

1. 常德某风光带
设计单位：湖南大学设计研究院有限公司
绘图单位：长沙原野之星图像设计工作室

2. 夏驾河一期景观设计
设计单位：上海亦境建设有限公司
绘图单位：上海写意数字图像有限公司

1

2

BRIDGE

景观桥

舟山项目
设计单位：南通市政工程设计有限责任公司
绘图单位：无锡市佳艺装饰设计有限公司

西安沣河桥方案
设计单位：中交第一公路勘察设计研究院有限公司
绘图单位：西安鼎凡数字科技有限公司

西安沣河桥方案
设计单位：中交第一公路勘察设计研究院有限公司
绘图单位：西安鼎凡数字科技有限公司

某大桥
绘图单位：全景（福建）计算机图形有限公司

榆溪河特大桥投标方案

设计单位：中交第一公路勘察设计研究院有限公司

绘图单位：西安鼎凡数字科技有限公司

1. 长沙市湘江一桥改造方案
设计单位：长沙市规划设计院有限责任公司
绘图单位：长沙艺帆建筑设计有限公司

2. 变截面连续梁桥
设计单位：长沙市规划设计院有限责任公司
绘图单位：长沙艺帆建筑设计有限公司

1

1

2

1. 天津新区中央大道人行桥建筑景观
设计单位：上海瀚章景观设计有限公司 / 李道楷
绘图单位：上海瀚章景观设计有限公司

2. 工业区桥梁方案
设计单位：湖南中大设计院有限公司
绘图单位：长沙艺帆建筑设计有限公司

1

1

2

2

1

1. 红旗路浏阳河大桥方案
设计单位：长沙市规划设计院有限责任公司
绘图单位：长沙艺帆建筑设计有限公司

2. 跨湘江大桥方案
设计单位：长沙市规划设计院有限责任公司
绘图单位：长沙艺帆建筑设计有限公司

1

1

2

3. 理县三湘大道潇湘大桥
设计单位：长沙市规划设计院有限责任公司
绘图单位：长沙艺帆建筑设计有限公司

3

3

浙江某市湿地公园桥梁景观方案设计（上海2009城建杯获奖作品）
设计单位：上海瀚章景观设计有限公司 / 李道楷
绘图单位：上海瀚章景观设计有限公司

1. 某大桥设计方案
设计单位：中交第一公路勘察设计研究院有限公司
绘图单位：西安鼎凡数字科技有限公司

2. 某景区悬索桥方案
设计单位：中交第一公路勘察设计研究院有限公司
绘图单位：西安鼎凡数字科技有限公司

1

2

3. 厦门过云溪
设计单位：北京易兰建筑规划设计有限公司
绘图单位：北京图道影视多媒体技术有限责任公司

天桥
设计单位：现代院／胡士勇
绘图单位：上海赫智建筑设计有限公司

1. 天桥
设计单位：北京市政
绘图单位：映像社稷（北京）数字科技有限公司

2. 国防科大景观桥方案
设计单位：长沙市规划设计院有限责任公司
绘图单位：长沙艺帆建筑设计有限公司

1

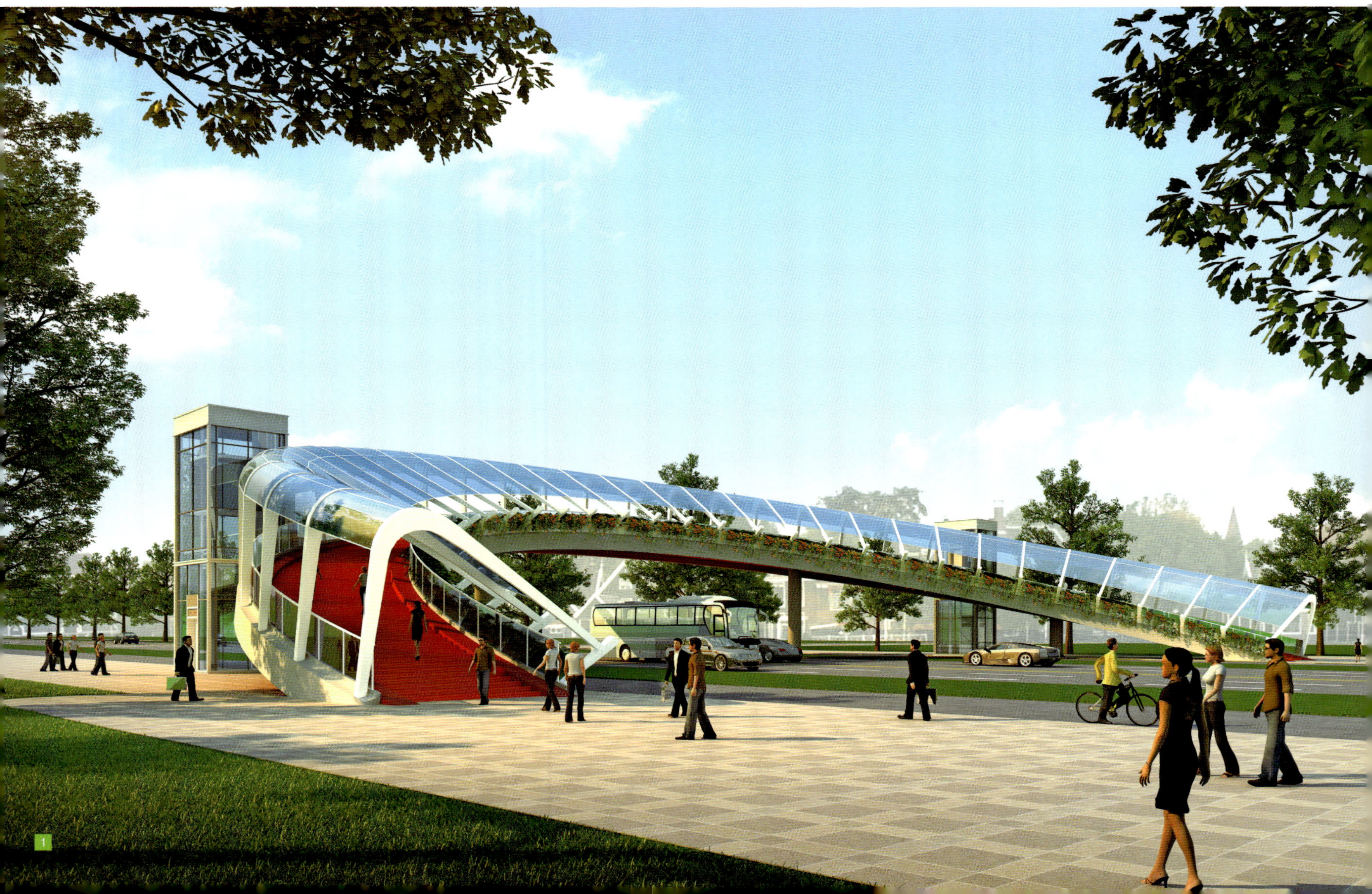

1

2

2

1. 原点大桥设计方案
设计单位：中交第一公路勘察设计研究院有限公司
绘图单位：西安鼎凡数字科技有限公司

2. 某景观桥
设计单位：上海方度国际建筑事务所
绘图单位：上海桥智建筑设计有限公司

1

2

COMMERCIAL LANDSCAPE

商业景观

某景观
绘图单位：广州市千水数码技术有限公司

觉华岛项目
设计单位：哈尔滨市拓普装饰设计有限公司
绘图单位：哈尔滨市拓普装饰设计有限公司

千岛湖旅游景区
设计单位：哈尔滨工业大学建筑学院
绘图单位：哈尔滨一方伟业文化传播有限公司

1. 某景观规划方案1
绘图单位：长沙艺帆建筑设计有限公司

2. 某景观规划方案2
绘图单位：长沙艺帆建筑设计有限公司

1

2

3. 狭猕湖西岸景观
设计单位：绍兴城市建筑设计院
绘图单位：杭州市下城区诚功电脑三维图像设计室

3

3

3

某规划方案
绘图单位：长沙艺帆建筑设计有限公司

松雅湖整体规划方案

设计单位：湖南省城市规划研究设计院

绘图单位：长沙艺帆建筑设计有限公司

1. 桃江湿地公园规划方案
设计单位：长沙市规划设计院有限责任公司
绘图单位：长沙艺帆建筑设计有限公司

2. 安徽景观设计方案
设计单位：上海园林景观三所
绘图单位：上海写意数字图像有限公司

1

1

3. 某景观
绘图单位：广州市千水数码技术有限公司

2

3

1. 某规划
绘图单位：广州市千水数码技术有限公司

2. 茅山红庙景区绿化设计
设计单位：苏州金螳螂园林绿化景观有限公司
绘图单位：苏州天地宸建筑环境设计咨询有限公司

1

1

2

高新区润恒厂区
设 计 师：巩加强
绘图单位：青岛市南区无尘图文图像工作室

1. 高新区润恒厂区
设 计 师：巩加强
绘图单位：青岛市南区无尘图文图像工作室

2. 常熟东南开发区高教区景观工程
设计单位：苏州园林设计院有限公司
绘图单位：苏州天地宸建筑环境设计咨询有限公司

1

1

2

1. 沈北美食坊景观设计
设计单位：沈阳老撒绘景环境艺术有限公司
绘图单位：沈阳市景文建筑绘图设计有限公司

2. 大场老镇商业街设计方案
设计单位：天夏景观设计有限公司
绘图单位：上海写意数字图像有限公司

1

1

2

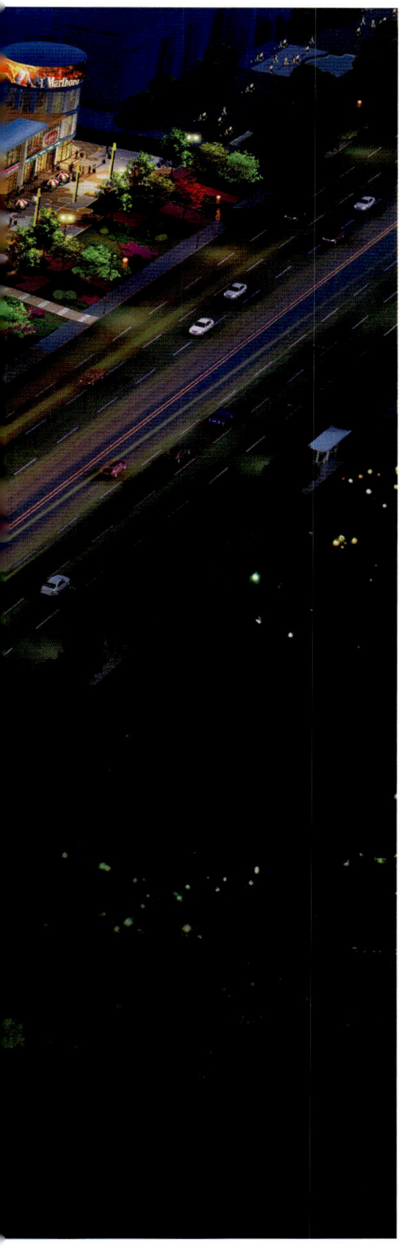

1

Restaurant & Bar
Coca-Cola
MARLIN
料理 天下
WASABI
Budweiser
River festival

1

1. 太平金融大厦
设计单位：深圳市阿特森泛华环境艺术设计有限公司
绘图单位：深圳市朗形数码影像传播有限公司

2. 中基绿化
设计单位：宁波浩然景观园林设计公司
绘图单位：宁波锦绣华绘图文有限公司

1

1

2

宁东商务中心景观
设计单位：宁波市风景园林设计研究院
绘图单位：宁波市土豆多媒体设计有限公司

宁东商务中心景观
设计单位：宁波市风景园林设计研究院
绘图单位：宁波市土豆多媒体设计有限公司

宁东商务中心

福建大璞愿景园休闲农业及观光旅游建设开发项目规划建筑景观设计
绘图单位：青岛大学环境艺术设计研究院

1. 福建大璞愿景园休闲农业及观光旅游建设开发项目规划建筑景观设计
绘图单位：青岛大学环境艺术设计研究院

2. 张家界十字街景观方案
设计单位：长沙跳马园林绿化有限公司
绘图单位：长沙艺帆建筑设计有限公司

1

1

1

2

2

1. 三门峡大鹏国际酒店景观设计
设计单位：苏州金螳螂园林绿化景观有限公司
绘图单位：苏州天地宸建筑环境设计咨询有限公司

2. 常州宾馆
设计单位：金螳螂建筑装饰股份有限公司景观公司
绘图单位：苏州天地宸建筑环境设计咨询有限公司

3. 象山大目湾新城综合服务中心一期

设计单位：苏州金螳螂园林绿化景观有限公司
绘图单位：苏州天地宸建筑环境设计咨询有限公司

1. 安徽荒草圩农场会所
设计单位：苏州庭园九章景观设计营造有限公司
绘图单位：苏州天地宸建筑环境设计咨询有限公司

2. 北京人寿
设计单位：金螳螂建筑装饰股份有限公司景观公司
绘图单位：苏州天地宸建筑环境设计咨询有限公司

1

1

3. 海澜之家总部

设计单位：金螳螂建筑装饰股份有限公司

绘图单位：苏州天地宸建筑环境设计咨询有限公司

2

3

和一大酒店景观方案
绘图单位：长沙艺帆建筑设计有限公司

LIGHTING

DESIGN

照明景观

含山市人民广场照明设计
设计单位：四川飞翔照明工程设计有限公司
绘图单位：四川飞翔照明工程设计有限公司

1. 园林节点照明设计
设计单位：四川飞翔照明工程设计有限公司
绘图单位：四川飞翔照明工程设计有限公司

2. 园林景观照明设计
设计单位：四川飞翔照明工程设计有限公司
绘图单位：四川飞翔照明工程设计有限公司

3. 体育馆照明设计
设计单位：四川飞翔照明工程设计有限公司
绘图单位：四川飞翔照明工程设计有限公司

1

2

4. 广场照明设计

设计单位：四川飞翔照明工程设计有限公司
绘图单位：四川飞翔照明工程设计有限公司

3

4

1. 上海金水路026地块夜景照明
设计单位：上海博丽照明工程有限公司
绘图单位：重庆市光影电脑设计制作有限公司

2. 成都成达大厦照明设计
设计单位：四川飞翔照明工程设计有限公司
绘图单位：四川飞翔照明工程设计有限公司

1

1

中国成达
CHENGDA CHINA

1. 某大楼照明设计
设计单位：四川飞翔照明工程设计有限公司
绘图单位：四川飞翔照明工程设计有限公司

2. 中国石油西南油气田科研大楼照明设计
设计单位：四川飞翔照明工程设计有限公司
绘图单位：四川飞翔照明工程设计有限公司

1

2

2

中国石油西南油气田公司

某酒店照明设计

设计单位：四川飞翔照明工程设计有限公司

绘图单位：四川飞翔照明工程设计有限公司

洗手间

PARK

公园景观

济宁湿地

设计单位：克莱曼(北京)景观工程设计有限公司

绘图单位：北京忆晶晳图文设计有限公司

自贡湿地公园
绘图单位：重庆市无极动画科技有限公司

自贡湿地公园

绘图单位：重庆市无极动画科技有限公司

市民公园规划方案

设计单位：深圳市筑奥景观建筑设计有限公司

绘图单位：深圳市朗形数码影像传播有限公司

勳章崢嶸歲往事，
三江齊彙展新篇．
翠綠神怡感欣悅，
立岸觀影流連返．

幾璀輝煌古今在，
璧璨生輝照紅都．
蒼天映照隨人樂，
大地生花共和諧．

市民公园规划方案

设计单位：深圳市筑奥景观建筑设计有限公司

绘图单位：深圳市朗形数码影像传播有限公司

市民公园规划方案
设计单位：深圳市筑奥景观建筑设计有限公司
绘图单位：深圳市朗形数码影像传播有限公司

青岛娄山、坊子街山方案
设计单位：上海源景景观设计有限公司
绘图单位：上海日盛图文设计有限公司

江阴顾山紫木遗韵景区景观设计
设计单位：苏州市建筑设计研究院有限责任公司
绘图单位：苏州天地宸建筑环境设计咨询有限公司

1. 江西省峡江县百花公园
设计单位：苏州园林设计院有限公司
绘图单位：苏州天地宸建筑环境设计咨询有限公司

2. 西河公园
设计单位：深圳市都市佳境景观设计有限公司
绘图单位：深圳市朗形数码影像传播有限公司

1

1

1. 安徽梅渚农业生态园
设计单位：东方景深+AUL Creative
绘图单位：苏州天地宸建筑环境设计咨询有限公司

2. 湖南省岳阳市临湘市白云湖公园
设计单位：苏州园林设计院有限公司
绘图单位：苏州天地宸建筑环境设计咨询有限公司

1

1

2

新蔡县东湖南湖公园修建性详细规划
设计单位：苏州园林设计院有限公司
绘图单位：苏州天地宸建筑环境设计咨询有限公司

龙泽苑
绘图单位：北京未来空间建筑设计咨询有限公司

1. 老会展•现代城建筑
绘图单位：成都上润图文设计制作有限公司

2. 孔雀园
绘图单位：南昌艺构装饰设计有限公司

3. 巴林海湾项目
设计单位：思邦建筑设计咨询(上海)有限公司
绘图单位：杭州博凡数码影像设计有限公司

1

2

4. 河滨项目
设计单位：黑白之间
绘图单位：成都上润图文设计制作有限公司

5. 某公园
设计单位：城建阜城院
绘图单位：丝路数码技术有限公司

3

4

5

1. 九江八里湖公园
设计单位：杭州贝霖建筑景观设计有限公司
绘图单位：杭州市下城区诚功电脑三维图像设计室

2. 某项目
绘图单位：杭州市下城区诚功电脑三维图像设计室

1

1

1. 乌拉浩特蒙政府规划
设计单位：上海海珠建筑设计有限公司
绘图单位：上海艺筑图文设计有限公司

2. 森林公园
设计单位：深圳市筑远天成建筑设计有限公司
绘图单位：深圳市宜百利艺术设计有限公司

梦幻西游
2

1. 天津北宁公园
设计单位：天津市福莱特装饰设计工程有限公司
绘图单位：天津一道数码科技有限公司

2. 安康高新区生态文化公园修建性详细规划
设计单位：广州科城规划勘测技术有限公司重庆分公司
绘图单位：重庆巽震数码影像设计有限公司

1

1

2

药用植物园

绘图单位：广州市千水数码技术有限公司

RESIDENCE LANDSCAPE

住区景观

半山壹号
设计单位：海南中力实业公司
绘图单位：深圳市朗形数码影像传播有限公司

半山壹号
设计单位：海南中力实业公司
绘图单位：深圳市朗形数码影像传播有限公司

1. 半山壹号
设计单位：海南中力实业公司
绘图单位：深圳市朗形数码影像传播有限公司

2. 厦门湾一号
设计单位：上海泛亚设计有限公司
绘图单位：上海艺筑图文设计有限公司

1

2

2

1. 世纪阳光项目
设计单位：尚谷筑景设计制作有限公司
绘图单位：成都上润图文设计制作有限公司

2. 虹口高原项目
设计单位：诺杰国际设计制作有限公司
绘图单位：成都上润图文设计制作有限公司

1

3. 水流云在
设计单位：家杰设计
绘图单位：成都上润图文设计制作有限公司

2

3

喀什恒昌中天
设计单位：雅克建筑有限公司长沙分公司
绘图单位：长沙艺帆建筑设计有限公司

千里走单骑

设计单位：深圳市阿特森泛华环境艺术设计有限公司

绘图单位：深圳市朗形数码影像传播有限公司

1. 千里走单骑
设计单位：深圳市阿特森泛华环境艺术设计有限公司
绘图单位：深圳市朗形数码影像传播有限公司

2. 邵阳四季花城
设计单位：湖南嘉原园林景观设计工程有限公司
绘图单位：长沙艺帆建筑设计有限公司

1

2

1

1

1

景德镇迎宾大道南侧地块
设计单位：深圳市金水木景观设计有限公司
绘图单位：深圳市朗形数码影像传播有限公司

1. 九都府
设计单位：深圳市阿特森泛华环境艺术设计有限公司
绘图单位：深圳市朗形数码影像传播有限公司

2. 融科四期
设计单位：中国美术学院风景建筑设计研究院
绘图单位：杭州市下城区诚功电脑三维图像设计室

1

2

3. 泉州高尔夫商务中心
设计单位：深圳市阿特森泛华环境艺术设计有限公司
绘图单位：深圳市朗形数码影像传播有限公司

3

1. 华龙阳光星城
设计单位：浙江森禾种业股份有限公司
绘图单位：杭州市下城区诚功电脑三维图像设计室

2. 中润凤凰城
设计单位：中国美术学院风景建筑设计研究院
绘图单位：杭州市下城区诚功电脑三维图像设计室

3

3

象屿大竹林
设计单位：深圳市阿特森泛华环境艺术设计有限公司
绘图单位：深圳市朗形数码影像传播有限公司

1. 某小区
设计单位：长沙集雅景观设计策划有限公司
绘图单位：长沙原野之星图像设计工作室

2. 某小区
设计单位：湖南省建筑设计院
绘图单位：长沙原野之星图像设计工作室

3. 张家港江南十二府
设计单位：苏州筑园景观规划设计有限公司
绘图单位：苏州天地宸建筑环境设计咨询有限公司

2

3

3

1. 滨江新城
设计单位：湖南省建筑设计院
绘图单位：长沙原野之星图像设计工作室

2. 东方王府东地块
设计单位：深圳市阿特森泛华环境艺术设计有限公司
绘图单位：深圳市朗形数码影像传播有限公司

1

1

1. 横岗
设计单位：深圳市阿特森泛华环境艺术设计有限公司
绘图单位：深圳市朗形数码影像传播有限公司

2. 成都龙泉项目
设计单位：环美设计
绘图单位：成都上润图文设计制作有限公司

1

2

3

2

1. 寿光项目
设计单位：柏狄景观设计公司
绘图单位：深圳市原创力数码影像设计有限公司

2. 水岸华府
设计单位：深圳市阿特森泛华环境艺术设计有限公司
绘图单位：深圳市朗形数码影像传播有限公司

3. 蓝月谷
设计单位：长沙集雅景观设计策划有限公司
绘图单位：长沙原野之星图像设计工作室

2

3

吉泰丽园绿化景观方案

设计单位：长沙艺帆景观设计有限公司

绘图单位：长沙艺帆建筑设计有限公司

某景观
设计单位：雅克设计有限公司深圳分公司
绘图单位：深圳尚景源设计咨询有限公司

1. 丰畅小区景观工程
绘图单位：长沙艺帆建筑设计有限公司

2. 长沙北纬28度项目
设计单位：深圳市同济人建筑设计有限公司
绘图单位：深圳市原创力数码影像设计有限公司

大汉·龙城景观方案
绘图单位：长沙艺帆建筑设计有限公司

PUMA
Caviarteria
Le Saunda
HOT SOX
SCULPTURE
GUERLAIN
PARIS
MAUBOUSSIN
梦宝星
Kanebo

某小区景观方案
绘图单位：长沙艺帆建筑设计有限公司

1. 西安小区景观
设计单位：上海栖地国际设计有限公司
绘图单位：上海艺筑图文设计有限公司

2. 南京中铁
设计单位：深圳奥雅景观与建筑规划设计有限公司
绘图单位：上海鼎盛建筑设计有限公司

3. 某住宅小区规划
设计单位：南京金基房地产开发有限公司
绘图单位：西安鼎凡数字科技有限公司

1

2

3

4

阜新绿地剑桥景观设计

设计单位：沈阳老撒绘景环境艺术有限公司

绘图单位：沈阳市景文建筑绘图设计有限公司

绿地剑桥

阜新绿地剑桥景观设计
设计单位：沈阳老撒绘景环境艺术有限公司
绘图单位：沈阳市景文建筑绘图设计有限公司

华宇天宫花城
设计单位：深圳市阿特森泛华环境艺术设计有限公司
绘图单位：深圳市朗形数码影像传播有限公司

华宇天宫花城
设计单位：深圳市阿特森泛华环境艺术设计有限公司
绘图单位：深圳市朗形数码影像传播有限公司

金水湾
设计单位：长沙集雅景观设计策划有限公司
绘图单位：长沙原野之星图像设计工作室

鸣泉居
设计单位：创景
绘图单位：广州威影设计有限公司

鸣泉居
设计单位：创景
绘图单位：广州威影设计有限公司

1. 苏州桃坞郡府别墅区景观设计
设计单位：苏州江南意造建筑设计有限公司景观所
绘图单位：苏州天地宸建筑环境设计咨询有限公司

2. 私人别墅屋顶花园
绘图单位：长沙艺帆建筑设计有限公司

1

1

3. 某庭院

设计单位：金螳螂建筑装饰股份有限公司景观公司

绘图单位：苏州天地衰建筑环境设计咨询有限公司

2

3

1. 济南中海B3地块
设计单位：深圳市阿特森泛华环境艺术设计有限公司
绘图单位：深圳市朗形数码影像传播有限公司

2. 某别墅景观
设计单位：湖南省建筑设计院
绘图单位：长沙原野之星图像设计工作室

URBAN DESIGN

城市设计

绿景梅林
设计单位：香港华艺建筑设计
绘图单位：深圳市水木数码影像科技有限公司

绿景梅林
设计单位：香港华艺建筑设计
绘图单位：深圳市水木数码影像科技有限公司

绿景梅林
设计单位：香港华艺建筑设计
绘图单位：深圳市水木数码影像科技有限公司

潍坊城市景观设计
设计单位：北京易兰建筑规划设计有限公司
绘图单位：北京图道影视多媒体技术有限责任公司

平潭岛
设计单位：上海浦东土地发展规划设计事务所有限公司
绘图单位：上海鼎盛建筑设计有限公司

1. 赣州城市规划
绘图单位：南昌艺构装饰设计有限公司

2. 苏州晋合广场
设计单位：晋合置业
绘图单位：丝路数码技术有限公司

1

2

3. 某项目
绘图单位：深圳市宜百利艺术设计有限公司

4. 大连项目
设计单位：香港华艺建筑设计
绘图单位：深圳市水木数码影像科技有限公司

3

3

4

某项目
绘图单位：深圳市宜百利艺术设计有限公司

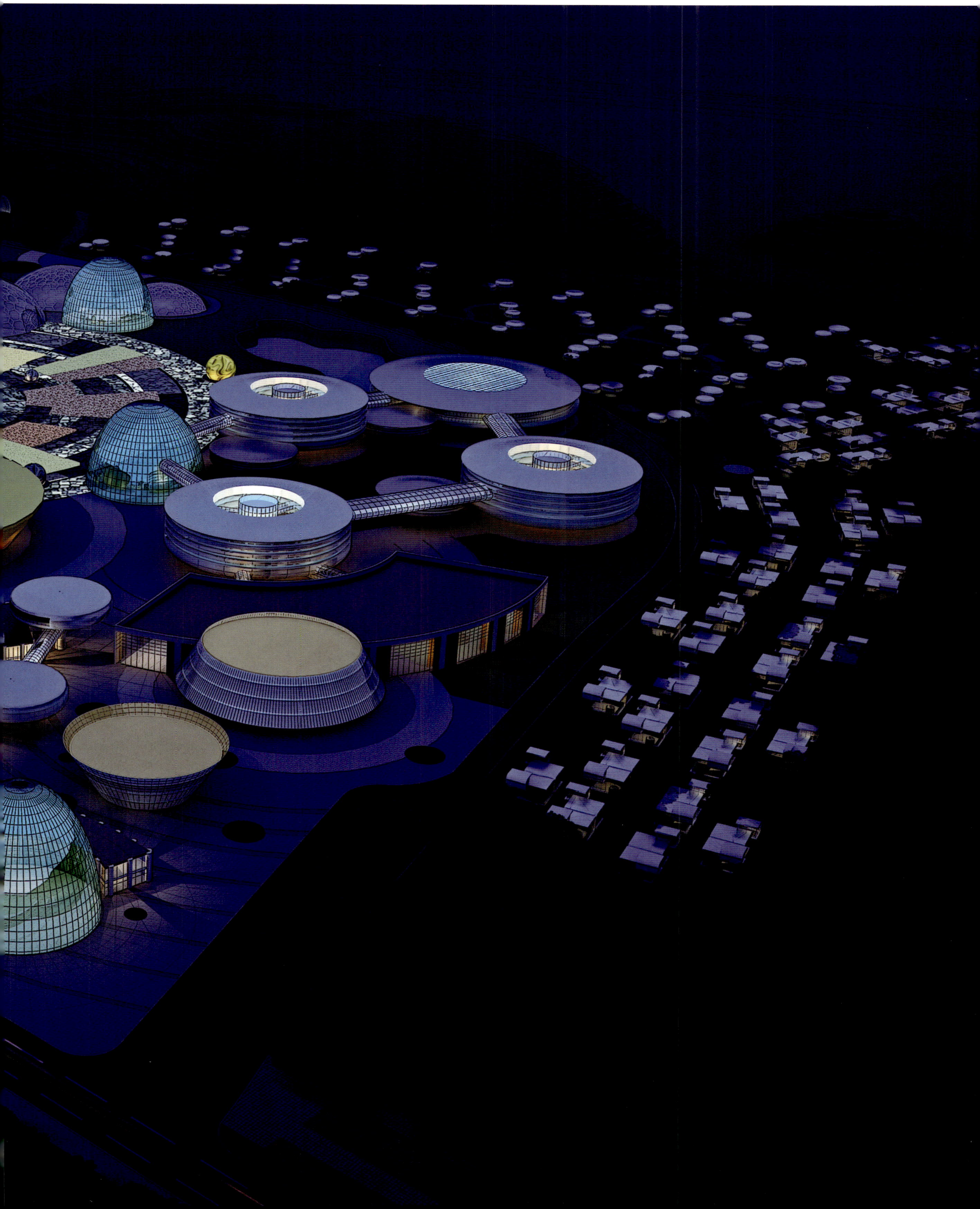

电子商务园

绘图单位：杭州天朗数码影像设计有限公司

1. 天津陈塘项目
设计单位：LWK建筑设计
绘图单位：深圳市水木数码影像科技有限公司

2. 根
绘图单位：上海桥智建筑设计有限公司

1

1

1

2

麻池小白河规划
设计单位：上海瑞邑建筑设计顾问有限公司
绘图单位：上海非思建筑设计有限公司

广晟规划项目
设计单位：深大规划院
绘图单位：深圳市原创力数码影像设计有限公司

1. 某规划1
绘图单位：广州市千水数码技术有限公司

2. 某规划2
绘图单位：广州市千水数码技术有限公司

1

2

3. 青岛四方区城市设计方案
设计单位：上海弈方建筑设计有限公司
绘图单位：上海写意数字图像有限公司

3

三亚免税区
设计单位：思邦建筑设计咨询(上海)有限公司
绘图单位：杭州博凡数码影像设计有限公司

CHANEL

朝天门超高层
绘图单位：重庆海侨文化传媒有限公司

武汉黄石

设计单位：上海大椽建筑设计事务所

绘图单位：上海鼎盛建筑设计有限公司

Cartier
STORM
MaxMara
ESPRIT
Jessica

上海 赫智
HERTZ
HERTZ ARCHITECTURAL DESIGN CO. LTD
EVERMOTION
上海赫智建筑设计有限公司
TEL：021-62471109
FAX：021-62471117
E-MAIL：hz_group@126.com
ADD：上海市 静安区 延安中路 829 号 达安广场东楼 8A

珠海横琴岛
国家重点规划项目
三维动画 & 展厅

三亚凤凰岛
东方迪拜
三维动画 & 展厅

南丰汇
广州第一商业综合体
三维动画 & 展厅

广州西塔
广州第一高楼
三维动画 & 展厅

丝路数码

带您体验数字视觉的神奇

. 设计可视化　. 影视动画　. 展览展示
. 数字城市　.CG 游戏　. CG 教育

广州珠江城大厦
广州第三高楼
三维动画

华置 . 都汇华庭
成都第一高城市住宅
三维动画 & 展厅

珠海中信红树湾
湾区物业顶尖品牌
三维动画

北辰三角洲
长沙地标
三维动画 & 展厅

沈阳新世界 . 名汇
全国性房产旗舰品牌
三维动画

世茂海峡大厦
厦门第一高双塔建筑
三维动画 & 展厅

图书在版编目（CIP）数据

建筑表现牛皮书. 第2辑. 景观设计 / 凤凰空间·上海编. -- 南京 : 江苏人民出版社, 2012.12
ISBN 978-7-214-08772-0

Ⅰ. ①建… Ⅱ. ①凤… Ⅲ. ①景观设计－作品集－中国－现代 Ⅳ. ①TU206

中国版本图书馆CIP数据核字(2012)第220219号

建筑表现牛皮书Ⅱ——景观设计

凤凰空间·上海　编

策划编辑：潘　华　冯　林
责任编辑：刘　焱　潘　华
责任监印：彭李君
出版发行：凤凰出版传媒集团
凤凰出版传媒股份有限公司
江苏人民出版社
天津凤凰空间文化传媒有限公司
销售电话：022-87893668
网　　址：http://www.ifengspace.com
集团地址：凤凰出版传媒集团（南京湖南路1号A楼 邮编：210009）
经　　销：全国新华书店
印　　刷：深圳当纳利印刷有限公司
开　　本：1016毫米×1420毫米 1/16
印　　张：17
字　　数：136千字
版　　次：2012年12月第1版
印　　次：2012年12月第1次印刷
书　　号：ISBN 978-7-214-08772-0
定　　价：285.00元